ISSN 0371-327X

SITZUNGSBERICHTE DER SÄCHSISCHEN AKADEMIE
DER WISSENSCHAFTEN ZU LEIPZIG

Mathematisch-naturwissenschaftliche Klasse
Band 115 · Heft 2

KLAUS DÖRTER

APHORISMEN ZUR QUALITÄT DES BEWÄSSERUNGSWASSERS

Mit 11 Abbildungen und 11 Tabellen

AKADEMIE-VERLAG · BERLIN
1981

SITZUNGSBERICHTE DER SÄCHSISCHEN AKADEMIE DER WISSENSCHAFTEN ZU LEIPZIG

MATHEMATISCH-NATURWISSENSCHAFTLICHE KLASSE

Band 109

Heft 1 Prof. Dr. ERICH RAMMLER, Über die Theorien der Braunkohlenbrikettentstehung
1970. 38 Seiten – 13 Abb., davon 2 auf 2 Tafeln — 8° – M 4,–

Heft 2 Prof. Dr. WOLFGANG TUTSCHKE, Stammfunktionen komplexwertiger Funktionen
1970. 20 Seiten — 8° – M 3,70

Heft 3 Dr. habil. GÜNTHER EISENREICH, Zur Syzygientheorie und Theorie des inversen Systems perfekter Ideale und Vektormodule in Polynomringen und Stellenringen 1970. 88 Seiten — 8° – M 10,80

Heft 4 Prof. Dr. med. ROLF EMMRICH, Hochdruck und Hyperlipidämie (Hypercholesterinämie) als Risikofaktoren für die Entstehung der Arteriosklerosen
1971. 23 Seiten – 10 Abbildungen – 4 Tabellen — 8° – M 3,90

Heft 5 Prof. Dr. HANS DRISCHEL, Biologische Rhythmen
1972. 57 Seiten – 31 Abbildungen – 1 Tabelle — 8° – M 6,60

Heft 6 Prof. Dr.-Ing. Dr. h. c. KURT SCHWABE, Konzentrierte Elektrolytlösungen – Thermodynamische und kinetische Eigenschaften 1972. 49 Seiten – 27 Abbildungen – 2 Tabellen — 8° – M 7,50

Heft 7 Prof. Dr. WOLFGANG TUTSCHKE, Konstruktion von globalen Lösungen mit vorgeschriebenen Singularitäten bei partiellen komplexen Differentialgleichungssystemen 1972. 24 Seiten — 8° – M 4,50

Band 110

Heft 1 Prof. Dr. h. c. PAUL GÖRLICH, Über die Laser und ihre Anwendung
1972. 24 Seiten — 8° – M 2,30

Heft 2 Prof. Dr. HASSO ESSBACH, Zum Problem der Tumoren im Kindesalter
1972. 24 Seiten – 11 Abbildungen auf 10 Kunstdrucktafeln — 8° – M 6,–

Heft 3 Prof. Dr. med. WALTER BREDNOW, Zur Anthropologie des Schwindels
1973. 17 Seiten – 2 Abbildungen auf 2 Kunstdrucktafeln — 8° – M 2,50

Heft 4 Prof. Dr. h. c. PAUL GÖRLICH, Betrachtungen über den Wissenschaftlichen Gerätebau
1972. 39 Seiten — 8° – M 3,–

Heft 5 Prof. Dr. ERICH RAMMLER, Einige Betrachtungen über Erdgas
1974. 43 Seiten – 8 Abbildungen – 3 Tabellen — 8° – M 4,50

Heft 6 Prof. Dr. GUSTAV E. R. SCHULZE, Zur Rolle des Einfachheitsprinzips im physikalischen Weltbild
1974. 23 Seiten – 4 Abbildungen — 8° – M 2,50

Heft 7 Prof. Dr. med. ROLF EMMRICH, Zwischen Leben und Tod. Ärztliche Probleme der Thanatologie
1974. 22 Seiten – 2 Abbildungen – 4 Tabellen — 8° – M 3,50

Band 111

Heft 1 Prof. Dr. WILHELM MAIER, Vom Erbe Bernhard Riemanns 1975. 16 Seiten – 8° – M 2,50

Heft 2 Prof. Dr. med. HANS DRISCHEL, Organismus und geophysikalische Umwelt
1975. 50 Seiten – 25 Abbildungen – 1 Tabelle – 8° – M 7,–

Heft 3 Prof. Dr. MARIA HASSE, Zum Begriff des allgemeinen Produkts von Kategorien
1975. 32 Seiten – 8° – M 5,–

ISSN 0371-327X

SITZUNGSBERICHTE DER SÄCHSISCHEN AKADEMIE
DER WISSENSCHAFTEN ZU LEIPZIG

Mathematisch-naturwissenschaftliche Klasse
Band 115 · Heft 2

KLAUS DÖRTER

APHORISMEN ZUR QUALITÄT DES BEWÄSSERUNGSWASSERS

Mit 11 Abbildungen und 11 Tabellen

AKADEMIE-VERLAG · BERLIN
1981

Vorgetragen in der Sitzung am 9. Februar 1979
Manuskript eingeliefert am 1. Februar 1980
Druckfertig erklärt am 4. November 1981

Erschienen im Akademie-Verlag, DDR - 1086 Berlin, Leipziger Straße 3—4

Lizenznummer: 202 · 100/525/81
Gesamtherstellung: VEB Druckhaus „Maxim Gorki", 7400 Altenburg
Bestellnummer: 762 898 9 (2027/115/2) · LSV 4045
Printed in GDR
DDR 6,00 M

Im 6. Jahrhundert v. d. Z. war für den griechischen Philosophen Thales „das Prinzip aller Dinge das Wasser. Aus Wasser ist alles und in Wasser kehrt alles zurück", so meinte der Ionier, der in der Geschichte der Wissenschaft zu den ersten im Altertum gezählt wird, welche die Natur denkend betrachteten, um nicht nur nach überlieferten Religionsvorstellungen in das Wesen der sie umgebenden Welt einzudringen. Bald danach folgte diesem Gedankengang der Thebaner Pindaros (521—447 v. d. Z.) mit seinem Ausspruch „Ariston men hydor" — das Beste ist das Wasser. Schon im alten Rom aber bestand die Meinung: „Corpora non agunt nisi soluta" — nur in gelöstem Zustand vereinigen sich die Stoffe. Man erkannte somit bereits im Altertum, daß der Wirksamkeit des Wassers und damit des Flüssigen die bedeutendste Rolle bei allen Lebenserscheinungen auf der Erde und ihrem unmittelbaren Umkreis zufiele. In den letzten Jahrhunderten hat zwar mit dem Aufkommen moderner naturwissenschaftlicher Denkweisen das Verhältnis des Menschen zum Wasser eine vollkommene Wandlung durchgemacht, doch werden wir mit dieser prinzipiellen Bedeutung des Wassers in zunehmendem Maße konfrontiert, je mehr und detaillierter wir in die Gesetzmäßigkeiten der biologischen Lebensvorgänge und des Wasserkreislaufes eingreifen. Das spiegelt sich — und zwar in größtem Ausmaße — nicht nur im Quantitätsbereich, sondern ebenso auch im Zusammenhang mit der Qualität des Wassers wider.

Die Wertschätzung des Wassers war in alten Zeiten noch eng mit einer kultischen Verehrung verbunden, wobei die Menschen das Wasser von göttlichen Wesenheiten erfüllt glaubten, denen sie sich nur in großer Ehrfurcht nahten. Wassergottheiten waren es, die oft am Anfang der Mythologien im Qualitativen zum Ausdruck kamen (Schwenk 1962). Während diese Anschauung allgemein allmählich verblaßte und das Wasser im beginnenden Zeitalter der Naturwissenschaft und Technik zunehmend als Stoff und Energieträger behandelt wurde, waren es nur noch einzelne Persönlichkeiten, die sich im angeführten Sinne bemühten. Zu ihnen können wir Leonardo da Vinci, Goethe und Novalis zählen. Während Leonardo einerseits der erste gewesen ist, der systematische Experimente mit dem Wasser im modernen Sinne durchführte (Abb. 1 und 2), war sein Streben andererseits noch ganz erfüllt davon, in die Wunderwelt dieses Elementes und dessen Beziehungen zu den Gestaltungen der Lebewesen hineinzuschauen (Scriba, Mauel und Lindner 1975). Die Menschen im Zeitalter Goethes und der Romantik beschäftigten sich in naturphilosophischer Betrachtungsweise mit dem Wasser als einem Urbild alles Flüssigen und lebendiger Gestaltungskräfte. Das Flüssige wurde als etwas Universelles erlebt, nach Novalis „als das noch nicht festgelegte Element, das aber fähig ist, sich von außen bestimmen zu lassen, als das Unbestimmte, aber Bestimmbare, als das sensible Chaos“ (Schwenk 1962), dem er in seinen naturphilosophischen Fragmenten und in seinem Romanfragment „Die Lehrlinge zu Sais“, „seine Neigungen, Ideen und Wünsche, Träume und Gesichte“ widmete, über die Träger (1975) in seinen einleitenden Ausführungen „Ursprünge und Stellung der Romantik“ zu „Novalis: Dichtungen und Prosa“ Beachtenswertes herausgearbeitet hat. Ebenda zitiert, spricht Hegel in diesem Zusammenhang von dem Konflikt zwischen der Poesie des Herzens und der entgegenstehenden Prosa der Verhältnisse, die eine der „passendsten Kollisionen“ abgebe.

Je mehr der Mensch nun die Fähigkeit gewann, das Wasser als physischen Stoff sich allseitig nutzbar zu machen und ihm auf Grund seiner hohen Wirkungskraft enorme Leistungen abzufordern, umso mehr rückte das Wasser in den Blickpunkt eines technisch-wirtschaftlichen Denkens, durch welches es quantitativ und qualitativ nach Maßstäben der Nützlichkeit bewertet wird.

Mit grandiosen technischen Leistungen hat der Mensch sodann verstanden, sich das Wasser zu unterwerfen und in allen Daseinsbereichen seinen vielseitigen Wirkungsmechanismus weitgehendst auszuschöpfen. „Was man aber mit Befriedigung als endgültige Errungenschaft zu haben glaubte“, hebt Schwenk (1962) hervor, „stellt heute die Natur in ihrer Antwort darauf wieder in Frage.“ Mit den bekannten Tatsachen der Bevölkerungszunahme, den höheren Lebensansprüchen, mit der Industrialisierung sowie mit der Intensivierung der Landwirtschaft sind weltweit die schwerwiegenden Folgen deutlich geworden, die eine zum Teil bis zur Verantwortungslosigkeit gesteigerte Nutzung der natürlichen Wasserressourcen und deren Verunreinigung mit sich brachten. Aus vornehmlich ökonomischen Gründen wurde notwendigerweise zunächst die Wassermengenwirtschaft in zunehmendem Maße gesteuert bzw. rationalisiert, während der Wasserqualität kaum und nur soweit es für die Trinkwasserversorgung unumgänglich notwendig war, eine entsprechende Aufmerksamkeit gewidmet wurde. So ist jetzt der Mensch auf der Suche nach qualitativ brauchbarem Wasser für seinen vielseitigen Bedarf, und erst in allerjüngster Zeit kommt deutlicher auch die Forderung der Erhaltung oder Wiederbelebung natürlicher Wasserressourcen und der dazu notwendigen großräumigen, über Landesgrenzen hinweg abgestimmten landeskulturellen Maßnahmen hinzu. Gut bedient sind hierbei diejenigen Staaten, die ihrer staatspolitischen und gesellschaftlichen Struktur entsprechende Möglichkeiten und Regelungen gemeinsamen Handelns für alle Nutzer ihres Territoriums geschaffen haben, wie es z. B. in den sozialistischen Ländern zur Praxis geworden ist.

Mit dieser Situation konfrontiert werden auch diejenigen, die sich mit Verantwortungsgefühl darum bemühen, die Regulierung des Wasserhaushaltes als grundlegende Bedingung für das Wachstum der Kulturpflanzen in Verbindung mit einer gesunden Nahrungsmittel- und Futterproduktion nicht nur mengenmäßig, sondern auch qualitätsmäßig abzusichern.

Zunächst muß jedoch festgestellt werden, daß aber gerade bei dem Anbau von Kulturpflanzen gegenüber allen anderen Lebens- und Produktionsprozessen die größten Wassermengen benötigt werden, wobei allein schon in unseren gemäßigten Klimagebieten 300—800 l Wasser je kg produzierter Pflanzentrockensubstanz verarbeitet und verdunstet werden. So bedarf z. B. die Produktion von 400 dt Zuckerrüben mit 100 dt Trockenmasse je Hektar bei einem Wasserverbrauch von etwa 500 l je kg Trockensubstanz 50000 l Wasser entsprechend 500 mm Niederschlag. Um diese Wasserversorgung zu unterstützen, hat die Bewässerung bei dem derzeitigen Anwachsen der Erdbevölkerung mit Zuwachsraten von jährlich 2% auf über 4 Milliarden und den damit verbundenen Bemühungen, die Zuwachsraten der Agrarproduktion dieser Entwicklung anzupassen, laufend weiter steigende Dimensionen angenommen (Tab. 1, 2 und Abb. 3).

Tab. 1. Prozentuale jährliche Wachstumsraten der Agrarproduktion im Vergleich zur Bevölkerung — Mittel der Jahre 1961 bis 1975 — (nach MÜNCH und MERTENS 1977)

	Sozialistische Länder	Kapitalistische Industrieländer	Entwicklungsländer
Agrarproduktion insges.	3,5	2,1	2,6
Nahrungsmittel	3,7	2,3	2,7
Getreide	4,2	2,7	2,7
Erzeugnisse der Tierproduktion	3,8	2,0	2,7
Bevölkerung	0,9	0,9	2,9

Die klassischen natürlichen Wasserressourcen und ihre territoriale Verteilung reichen in einer Reihe von Ländern — darunter in der DDR, die einerseits durch ihren angespannten Wasserhaushalt, andererseits durch ihre Ziele einer laufend weiteren Ertragssteigerung in der industriemäßig produzierenden Landwirtschaft mit an der Spitze rangiert — für die Bewässerung schon lange nicht mehr aus. So ist Wasser für Bewässerungszwecke, besonders aber qualitativ gutes Bewässerungswasser, nicht nur in Trockenjahren knapp geworden.

Tab. 2. Die bewässerte Fläche auf den 5 Kontinenten
(nach ICID-Bericht, Stand 1974)

Kontinent bzw. Land	landw. Nutzfläche insgesamt Mio ha	bewässerte Fläche[1]) Mio ha	bewässerte Fläche in % der landw. Nutzfläche insgesamt
Europa (ohne UdSSR)	236,0	12,7	5,4
Asien (ohne UdSSR)	5974,0	164,6	2,8
UdSSR	607,3	13,3	2,2
Afrika	1036,0	8,9	0,9
Nord- und Mittelamerika	633,0	27,4	4,3
Südamerika	447,0	6,7	1,5
Australien und Ozeanien	510,0	1,7	0,3
insgesamt	9443,3	235,3	2,5

[1]) Teilweise, wie z. B. bei der UdSSR, bezieht sich die Angabe nur auf Ackerland

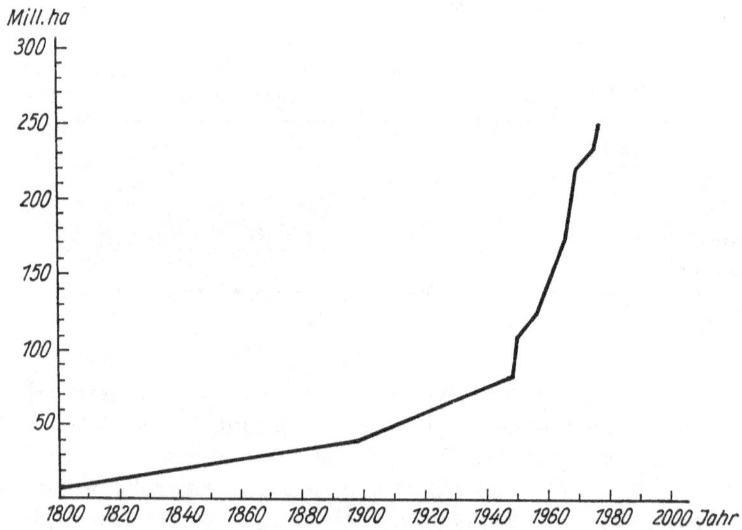

Abb. 3. Zunahme der Weltbewässerungsfläche von 1800 bis 1976 (nach Ermittlungen FAO und ICID)

Die Folge ist, daß zunehmend auch nach Bewässerungsflüssigkeiten Umschau gehalten wird, die mit den verschiedensten Inhaltsstoffen ausgestattet sind. Im Zusammenhang mit den physiologischen Vorgängen in der Pflanze, bei denen das Wasser beteiligt ist, wie die Stoffaufnahme, der Stofftransport, der Stoffwechsel mit den im Wasser gelösten Substanzen in der Pflanzenzelle, die Photosynthese, die Quellungs- und Transpirationsabläufe, können diese Inhaltsstoffe als Nährstoffe und Spurenelemente sehr nützlich sein. Doch dürfen Stoffe nicht außer acht gelassen werden, die primär für Boden und Pflanze, in der weiteren Folge der Nahrungsgüterkette, aber auch für Mensch und Tier im Zusammenhang mit bekannten oder noch unbekannten Schadstoffwirkungen gefährlich werden können.

Da das Wasser der wichtigste Lebens- und Wachstumsfaktor für die Pflanzen ist, wird der Bewässerung der Kulturpflanzen bzw. der künstlichen Zufuhr von Bewässerungswasser über oder unter Flur vor allem die Aufgabe zugewiesen, das Pflanzenwachstum im Sinne einer quantitativen Steigerung und Stabilisierung der Erträge zu fördern. Bei dieser sogenannten anfeuchtenden, niederschlagsergänzenden Bewässerung wird neben Oberflächenwasser und Grundwasser von unterschiedlichen kommunalen, landwirtschaftlichen und industriellen Abwässern und Flüssigschlämmen und von verschiedensten willkürlichen oder auf die Bewässerung ausgerichteten Flüssigkeitsgemischen Gebrauch gemacht. Mit diesem vielseitigen Wirkungsspektrum der Zusatzwasserversorgung werden in Verbindung mit weiteren ertragsbeeinflussenden Faktoren der Düngung, der Anwendung von Herbiziden, Wachstumsregulatoren und Boden-

Tab. 3. Fruchtartenspezifische Beregnungserträge 1970 bis 1976, abgeleitet aus Großversuchen unter Praxisbedingungen in der DDR (nach SCHWARZ et al. 1978)

Fruchtart	Ertrag	Beregnungsmehrertrag	
	dt/ha F_b[1])	dt/ha F_b	GE[2])/ha F_b
Zuckerrüben	357	97	40[3])
Ackergras	603	222	33
Silomais	397	132	20
Kartoffeln 1/2[4])	208	66	16
Kartoffeln 3/4[4])	235	78	19
Winterweizen	46,6	5,9	7,1[3])
Sommergerste	38,4	6,9	8,1[3])

[1]) F_b = beregnete Fläche (ha)
[2]) GE = Getreideeinheit
[3]) einschließlich Blatt bzw. Stroh
[4]) Reifegruppe 1/2 sehr früh und früh
3/4 mittelfrüh und mittelspät

Tab. 4. Standörtliche Differenzierung des fruchtartenspezifischen Beregnungsertrages, abgeleitet aus Großversuchen unter Praxisbedingungen 1970 bis 1976 in der DDR (nach SCHWARZ et al. 1978)

Fruchtart	Beregnungsertrag (dt/ha)		Mehrertrag (dt/ha F_b)		Mehrertrag (GE/ha F_b)	
	Sand-Tieflehm	Schwarzerde	Sand-Tieflehm	Schwarzerde	Sand-Tieflehm	Schwarzerde
Zuckerrüben	342	358	142	72	58[1])	31[1])
Ackergras	525	707	218	260	33	39
Kartoffeln	225	248	84	58	21	15
Silomais	388	420	136	121	20	18
Getreide	37	48	7,1	5,3	9,9[1])	7,4[1])

[1]) einschließlich Rübenblatt bzw. Stroh

verbesserungsmitteln als einem kompakten Einsatz der Chemie sowie entsprechenden hochmechanisierten Anbau- und Pflegemaßnahmen dem dadurch ohne Zweifel sehr instabilen ökologischen Bedingungen ausgesetzten Acker- und Grasland außerordentlich hohe Erträge abgefordert (Tab. 3 und 4). Aus diesem Grunde ist aber auch ein besonderes Augenmerk der einfachen und erweiterten Reproduktion der Bodenfruchtbarkeit zu schenken, wobei dem Einsatz organischer Substanzen eine hervorragende Bedeutung eingeräumt werden muß. Und hier spielen als düngende Bewässerung die angeführten Abprodukte mit hohem Anteil organischer Substanzen, zu denen bekanntlich auch die Gülle sowie die städtischen Abwässer zählen, eine Rolle.

Die schon in der ersten Hälfte dieses Jahrhunderts am Beispiel der Berliner Rieselfelder oder der weiträumigen Abwasserlandbehandlung der Leipziger Abwässer in den Kreisen Delitzsch und Eilenburg und in den letzten Jahrzehnten auch auf anderen Standorten nachweisbaren hohen Massenerträge mit Futtergräsern und Hackfrüchten auf sonst nur kieferbestandenen Sandböden zeigen, was mit einem Bewässerungswasser hohen Stickstoffgehaltes und mit viel organischer Substanz quantitativ erreichbar ist (Abb. 4, Tab. 8). Auch Gemische von kommunalem Abwasser, Gülle und Oberflächenwasser zeigen gleiche Tendenzen der Ertragssteigerung, wie aus Abb. 5 bei Zuckerrüben zu ersehen ist (DÖRTER 1979).

Wenn zunächst mit der Notwendigkeit, höhere Erträge zu erzielen, das im Quantitativen behaftete Denken vorherrschte, so ist das in Anbetracht der dargestellten Welternährungssituation nicht verwunderlich. Jedoch mit der zunehmenden Abwasserlast der Oberflächengewässer, verursacht durch die weitere Industrialisierung und Intensivierung der Volkswirtschaft einer Reihe von Staaten, mit den dabei immer deutlicher werdenden Gefahren der Toxizität

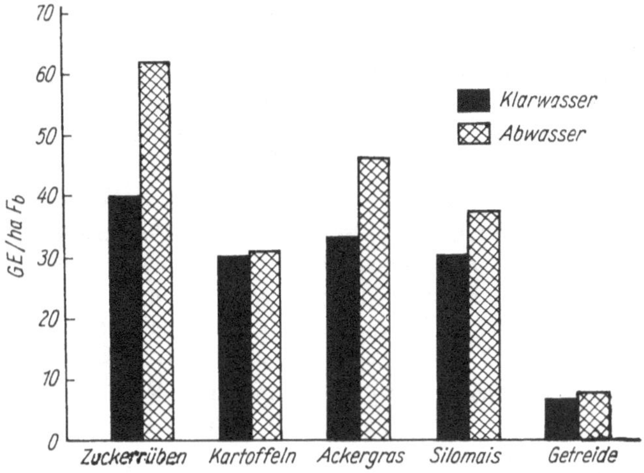

Abb. 4. Gegenüberstellung der Beregnungsmehrerträge bei Klarwasser- und Abwasserverregnung in GE/ha F_b, abgeleitet aus Großversuchen 1970 bis 1976 unter Praxisbedingungen in der DDR (nach SCHWARZ et al. 1978)

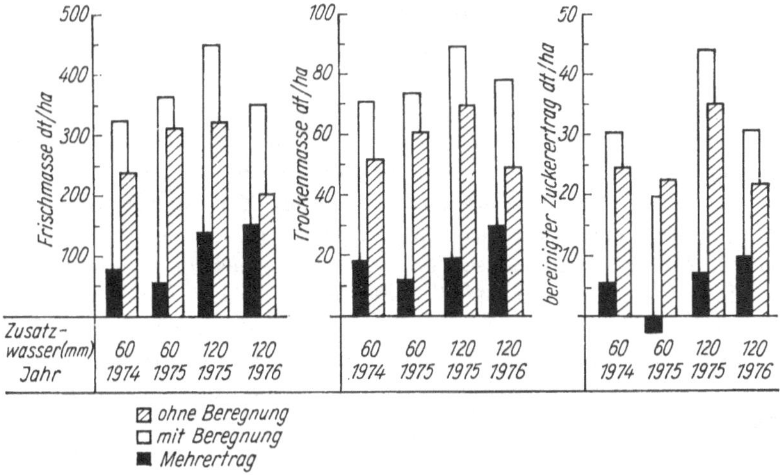

Abb. 5. Frischmasse-, Trockenmasse- und bereinigter Zuckerertrag des Zuckerrübenkörpers der Jahre 1974 bis 1976 in Burgwerben — NSTE = Lö 1; AZ = 83—96 — (nach WEBER 1977)

NSTE = natürliche Standorteinheit — Lö 1 = NSTE mit etwa 90% tiefgründigen, schwarzerdeähnlichen Lößböden — AZ = Ackerwertzahl und pathogenen Wirkung zahlreicher in den Oberflächenwässern enthaltener Stoffe, aber auch durch die Tatsache, daß immer wieder neue Kontaminations- bzw. Kombinationseffekte durch Anwendung derartiger Bewässerungswässer im Boden und in der Pflanze auftreten können, bedarf es aus landeskultureller Sicht zugleich einer gründlicheren qualitativen Betrachtungsweise der Bewässerungsflüssigkeiten.

So ist die Bezeichnung „Klarwasser" für Bewässerungswasser aus Oberflächenwässern im Vergleich zum Abwasser- und Gülleeinsatz kaum noch allgemein verwendbar, und der Hinweis „Im allgemeinen eignet sich jedes Wasser und Abwasser zur Bewässerung, sofern keine hygienischen Bedenken gegen seine Verwendung sprechen und in ihm keine für Pflanzen und Boden schädlichen Stoffe, z. B. freie Säuren, reduzierende Substanzen (Schwermetalle, Sulfide) oder größere Anteile Chlor enthalten sind" (NEEF 1977, S. 416) gibt keine Gewähr für die Produktion nicht gesundheitsschädigender Nahrungsmittel bzw. Futtermittel. Die Nitratproblematik ist fast schon zum klassischen Beispiel hierfür geworden.

Noch im Jahre 1965 genügte die vornehmlich quantitativ zu bewertende Feststellung, daß 85% der Wasserläufe der DDR eine Verschmutzung aufwiesen, die eine Trink- und Brauchwassernutzung entweder vollständig ausschieden oder sie nur nach sehr kostspieliger Aufbereitung zuließen (GRAHNEIS 1965). Das Wasserdargebot für die damals 124000 ha umfassende Bewässerungsfläche der DDR konnte trotzdem aus diesen Vorflutern und anderen Oberflächenwässern abgedeckt werden, wobei vornehmlich ein zu hoher Salzgehalt als begrenzender Faktor auftrat.

Die inzwischen eingetretene erhebliche Erweiterung der Bewässerungsfläche einerseits und die laufend zunehmende, differenzierte Verunreinigung der Oberflächengewässer andererseits fordern eine detaillierte Qualitätsbewertung des im Verhältnis zum Bewässerungsbedarf zur Zeit weiter abnehmenden Wasserdargebotes geradezu heraus. Abgesehen davon ist auch die Reinheit der vornehmlich für die Trinkwasserversorgung vorgesehenen Grundwässer in starkem Maße abhängig von der Art und Weise, wie in der Landwirtschaft inhaltsstoffreiches Bewässerungswasser eingesetzt wird. Besonders bei oberflächennahem Grundwasser und bei den Böden, deren Substrat die Gravitationswasserbewegung fördert, sind diese wertvollen natürlichen Ressourcen vor Schadstoffen zu schützen.

Einen beachtlich konstruktiven Einsatz hierzu kann die Sektion Wasserwesen der TU Dresden nachweisen. So berichten KAEDING, LIENIG und SCHMIDT (1978) im Zusammenhang mit Ausführungen zu Erfordernissen der Wasseranalytik wie folgt: „Wasserkörper enthalten eine Vielzahl von gelösten, kolloidalen und grobdispersen Stoffen. Oberflächenwässer weisen neben einer Reihe von Abwässern den höchsten Anteil an organischen Stoffen auf. Hochrechnungen geben Werte von weit über 100000 verschiedenen Stoffen an. Sie unterliegen im Wasser chemischen, physiko-chemischen und biochemischen Reaktionen, die wiederum zu Stoff- und Konzentrationsveränderungen führen. Hinzu kommen physikalische Vorgänge. Durch die Temperatur wird die Kinetik der im Wasser ablaufenden Reaktionen beeinflußt, und ein Vermischen verschiedener Wasserkörper verändert ihre Konzentration. Somit ist die überwiegende Zahl der Wasserinhaltsstoffe ständig einem räumlichen und zeitlichen Wechsel nach Art und Konzentration unterworfen. Diese Fakten erschweren die Bewertung eines Wassers häufig beträchtlich." Dabei liegen die Konzentrationen der Wasserinhaltsstoffe, die von besonderem Interesse sind, im Bereich von $10-10^{-9}$ g/l Wasser. Nur ein Teil der Stoffe ist biochemisch abbaubar; es sind somit auch biochemisch resistente und oft zugleich auch toxisch wirkende Stoffe vorhanden. Durch Algen und Mikroorganismen werden insbesondere durch die Abwasserlast der Vorfluter Stoffwechselprodukte erzeugt, die weitgehend unbekannt sind und ebenfalls, wie für die Trinkwasserbereitstellung hervorgehoben wird, toxische Wirkungen haben können (BÖHLER et al. 1978). Die Konzentration der Stoffe im Bewässerungswasser führt zur Suche von Schwellenwerten, nach deren Überschreitung Schädigungen auftreten. Dabei ist zu beachten, daß einerseits völlig harmlose bzw. sogar ertragsfördernde Inhaltsstoffe bei Überschreiten eines Schwellenbereiches Konzentrationen erreichen, die direkt oder durch Nebenwirkungen zum Schadstoff werden, wie wir bei der Nitratproblematik feststellen können (WINTER 1976). Auch darf nicht übersehen werden, daß Pflanzen „bestimmte Elemente in überaus hohen Gehalten anreichern", ohne selbst merklich geschädigt zu werden. „Bei der Aufnahme der Pflanzen als Nahrungsmittel können sie aber mehr oder weniger ausgeprägt die Gesundheit von Mensch und Tier schädigen, z. T. erst nach Jahren auf Grund ständiger Akkumulation", wie BERGMANN (1976) feststellt. UHLMANN (1975) weist in diesem Zusammenhang darauf hin, daß „Transportwege und Akkumulation von schwer oder nicht abbaubaren Substanzen in Nahrungsmitteln, die beim Menschen enden, meist weitgehend unbekannt sind".

Eine detaillierte, systematische Klassifikation des Bewässerungswassers ist aus internationaler Sicht auch gegenwärtig noch nicht bekannt (SHADULLAH 1978). Vorhandene Empfehlungen beziehen sich auf einige hygienisch bedeutsame mikrobiologische und parasitologische Gütemerkmale sowie auf eine Reihe chemischer Richtwerte unter besonderer Berücksichtigung des Salzgehaltes bzw. der Salzverträglichkeit der wichtigsten landwirtschaftlichen Kulturpflanzen. Der in dieser Hinsicht gegenüber anderen Materialien schon recht qualifizierte, in einer weitgehenden Überarbeitung ab 1. Januar 1979 verbindliche Fachbereichstandard TGL 6466/01 (1977) mit seinen nach biologischen und chemischen Parametern für Bewässerungswasser einschließlich

Abwässern aufgestellten Eignungsklassen, kann jedoch als eine erste grundlegende Orientierung und als eine Basis für weitere Festlegungen angesehen werden (Tab. 5 und 6).

Einleitend wird in diesem Standard betont: „Bewässerungswasser muß

Tab. 5. Biologische Gütemerkmale — Index b (nach TGL 6466/01 vom Dez. 1977)

Merkmale	Maß-einheit	Höchstwerte für die Eignungsklassen				
		E_b 1	E_b 2	E_b 3	E_b 4	E_b 5
Psychrophilen-Keimzahl	n/ml	500	keine Forderungen			
Koliformen-Titer	ml	10	1	siehe Koliformen-Keimzahl		
Koliformen-Keimzahl	n/ml	siehe Koliformen-Titer		10	1 000	10 000
Fäkalkoli-Titer	ml	100	10	siehe Fäkalkoli-Keimzahl		
Fäkalkoli-Keimzahl	n/ml	siehe Fäkalkoli-Titer		1	100	1 000
Enterokokken-Titer	ml	100	10	siehe Enterokokken-Keimzahl		
Enterokokken-Keimzahl	n/ml	siehe Enterokokken-Titer		1	100	1 000
Pathogene Keime (Salmonellen)	n	n. n.	in 1 000 ml n. n.	in 500 ml n. n.	in 200 ml n. n.	in 100 ml n. n.
Infektiöse Stadien von Mensch- und Haustierparasiten	n/l	nicht nachweisbar (n. n.)			10	> 15
Biologische Zustandsstufe (Saprobieindex)	—	2,0	2,3	2,6	3,0	> 3,0

n = Stückzahl

Schädigungen von Menschen, Tieren, Pflanzen und Boden ausschließen und hohe Erträge in der Pflanzenproduktion gewährleisten. An die Güte von Bewässerungswasser sind in Abhängigkeit von den Standortbedingungen, vom Bewässerungsverfahren und von den zu bewässernden Kulturen unterschiedliche Anforderungen zu stellen.“

Tab. 6. Chemische Gütemerkmale — Index c (nach TGL 6466/01 vom Dez. 1977)

Inhaltsstoffe oder Merkmale (mg/l)	Höchstwerte für die Eignungsklassen				
	E_c 1	E_c 2	E_c 3	E_c 4	E_c 5
Arsen	0,1	0,2	0,2	0,2	0,2
Bor	0,3	0,5	1,0	2,0	3,0
Blei	0,1	0,2	0,2	0,2	0,2
Chrom	0,2	0,5	1,0	2,0	2,0
Cyanide	0,3	0,4	0,5	2,0	5,0
Eisen	0,7	10,0	100	150	150
Kobalt	0,3	0,7	1,0	1,2	1,2
Kupfer	1,5	3,0	5,0	10,0	10,0
Zink	5,0	5,0	10,0	12,0	15,0
Mangan	0,5	1,0	5,0	7,5	10,0
Nickel	0,3	0,5	1,0	2,0	3,0
Quecksilber	0,01	0,02	0,02	0,02	0,02
Kalium	100	250	350	500	600
Magnesium	125	300	450	600	700
Natrium	150	300	400	500	700
Salze, gesamt	300	1000	2000	3000	4500
Bikarbonat	150	300	700	1000	1500
Chlorid	120	400	800	1200	2000
Nitrat	150	300	450	500	1000[1])
Sulfat	180	600	1200	1800	2700
elektrol. Leitfähigkeit (µS/cm)	450	1500	3000	4500	6000
Detergenzien	1,0	30,0	50,0	150	250
Phenole, gesamt	0,1	1,0	10,0	100	250
Monophenole	0,1	0,5	1,0	5,0	150
pH-Wert (pH)	5,5—8,5	5,0—8,5	4,5—8,5	4,5—9,0	4,0—9,0

[1]) Die N-Belastung landwirtschaftlicher Nutzflächen darf nach TGL 24345 600 kg Gesamt-N/ha · a nicht überschreiten.

Diese Vorbemerkung weist theoretisch genau in die Richtung, die praktisch zu beschreiten ist und deutet zugleich auf die erhebliche Problematik hin, die bei ernstzunehmenden Qualitätsuntersuchungen auftritt. Zu der von KAEDING, LIENIG und SCHMIDT (1978) angeführten zunehmenden Vielfalt an Inhaltsstoffen und deren Kombinationen in den für die Bewässerung zur Verfügung stehenden Oberflächen- und Abwässern kommt nämlich eine tiefgreifende Abhängigkeit aller qualitativen Auswirkungen der Bewässerung vom Standort mit seinen Bodentypen und -formen, seinen Klimabedingungen sowie von der Art und Sorte der angebauten Pflanzen und nicht zuletzt auch von der Art und Weise der Bewässerung, wie z. B. Beregnung, Stau- und Rieselverfahren, Tröpfchenbewässerung oder Unterflurbewässerung, hinzu. Abgesehen davon, daß die Problematik der Langzeitwirkungen besonders auf den Boden sowie Fragen der Dynamik und des rhythmischen Ablaufes einer Reihe von Prozessen repräsentative Entscheidungen für den Bewässerungseinsatz noch erheblich erschweren können, erfordern diese Tatsachen nicht nur einmalige, die aktuelle Situation erfassende Untersuchungen, sondern eine ständige, standortspezifisch ausgerichtete Überwachung auf der Grundlage entsprechender wissenschaftlicher Methoden. Dabei ist noch folgendes zu bedenken: Neben der notwendigen analytisch-quantitativen und damit sehr spezialisierten Betrachtungsweise einzelner Bewässerungsflüssigkeiten und darin enthaltener möglicher Schadstoffe ist am Standort des Bewässerungseinsatzes zugleich auch eine komplex-quantitative und schließlich ganzheitlich-qualitative Betrachtungsweise der Wirkung des Bewässerungswassers notwendig. Das quantitativ meßbare und qualitativ beurteilbare Phänomen des Ertrages einer bewässerten Kulturpflanzenart oder der Kulturpflanzen einer Fruchtfolge ist das Ergebnis des Zusammenwirkens einer Fülle von Komponenten und von Teilprozessen, deren durch das Zusammenspiel von natürlichen sowie von anthropogenen Einflüssen geprägte Abläufe im Boden und in der Pflanze zu beobachten sind. Das Gesamtphänomen des Ertrages befindet sich in Abhängigkeit von der Dynamik der Zirkulations- und Stoffumsetzungsprozesse, die im Boden maßgeblich durch das Edaphon unterstützt und in der Pflanze durch Assimilation, Diffusion und Osmose geregelt werden. In der Rhizosphäre erfolgt der Übergang der Stoffe vom vornehmlich mineralisch-erdigen Medium mit Hilfe des Flüssigen in den pflanzlich-organischen Bereich, beeinflußt vom Menschen durch Regulationsmechanismen, durch Maßnahmen des Ackerbaues und der Düngung sowie durch phytosanitäre Maßnahmen. Hierbei ist das Bewässerungswasser nur noch als eine Flüssigkeitskomponente im Kreislauf des Wassers über Atmosphäre, Boden und Pflanze anzusehen, durch die der Mensch nach wissenschaftlichen Erkenntnissen mehr oder weniger erfolgreich, jedoch oft sehr gravierend quantitativ und qualitativ in den Bodenchemismus und in die Stoffproduktion der Pflanzen eingreift, um damit zu einer für ihn optimalen

Quantität und Qualität der Pflanzenproduktion beizutragen. Die Bewässerungsflüssigkeit wird dabei den Gesetzmäßigkeiten des standortspezifischen Wasserhaushaltes unterstellt, und ihr Stoffinhalt wird hierdurch — wie KAEDING, LIENIG und SCHMIDT (1978) für den Wasserkörper in den Vorflutern darstellen — wiederum durch biologische und chemische Abbau-, Aufbau- und Umsetzungsprozesse quantitativ und qualitativ z. T. ganz erheblich verändert.

Im weiteren Sinne ergeben sich für die Qualität des Bewässerungswassers schließlich aber auch noch Beziehungen zum Funktionsgefüge des jeweiligen Territoriums in Verbindung mit der Notwendigkeit der schützenden Nutzung seiner natürlichen Ressourcen. Ein nährstoffreiches Bewässerungswasser kann — wie bereits dargestellt — auf landwirtschaftlich genutzten Flächen im Zusammenhang mit seiner anfeuchtenden und düngenden Wirkung quantitativ und qualitativ sowie aus der Sicht der kostensparenden Nährstoffzufuhr im Vergleich zu anderen Düngungsmaßnahmen außerordentlich wertvoll sein. Hinzu kommt, daß die Abnahme von Abprodukten aus kommunalen und industriellen Bereichen unserer Volkswirtschaft sowie aus den Einrichtungen der Tierproduktion — d. h. insbesondere die Verwertung von Abwässern und Gülle — ein bemerkenswerter landeskultureller Beitrag gegen die Umweltverschmutzung ist (DÖRTER 1977a). Dabei ist das beachtliche Filter- und Reinigungsvermögen des Bodens für das Wasser hervorzuheben. Ein solcher Einsatz ist jedoch in einem polyfunktionalen Territorium nicht immer bedenkenlos zu vertreten und insbesondere in einem Landschafts- oder Trinkwasserschutzgebiet wegen der Eutrophierungsgefahr der Vorfluter, der Grundwasserverunreinigung oder der Geruchsbelästigung bestimmten Schutzmaßnahmen unterzuordnen, wenn nicht sogar abzulehnen (DÖRTER 1971, 1977b, 1978, BEUSCHOLD, DÖRTER und WEGENER 1974, WEGENER, DÖRTER und BEUSCHOLD 1975).

In der weiteren Folge werden einige ausgewählte standort- und pflanzenspezifische Untersuchungen und deren Ergebnisse angeführt, die mehr oder weniger deutlich mit der Qualität des Bewässerungswassers zusammenhängen bzw. Bereiche für Qualitätsuntersuchungen aufzeigen.

Bereits in den 60er Jahren befaßten sich BUSCH und KNAUTH (1967) mit der „Einschätzung und Feststellung der Wirkung boden- und pflanzenschädigender Inhaltsstoffe des Wassers im Hinblick auf die Bewässerung". Sie stellten fest, „daß Schadstoffe einerseits auf Wasserflora und -fauna weit toxischer wirken als auf die Bodenflora und -fauna, andererseits aber eine schlechte Abbaubarkeit der Stoffe im Boden zu einer Akkumulation und im Laufe der Zeit zu einer Verschlechterung des Pflanzenstandortes führen kann". Wie bereits erwähnt, sind daher wasseranalytische Kennwerte sowie pflanzenphysiologische Schnellmethoden, Keimtests und selbst Gefäßversuche in ihrer Aussagekraft sehr unsicher und sollten unbedingt durch Feldversuche ergänzt werden, wobei die Autoren u. a. weniger aufwendige „Mikroparzellenbewässerungsversuche“ vorgeschlagen haben. Unter anderem wurde auf diese Art und Weise die Wirkung von Tensiden im Bewässerungswasser auf Pflanze und Boden geprüft (KNAUTH 1966). Die toxischen Grenzwerte — die für Flora

Tab. 7. Detergenzien (nach TGL 6466/01 vom Dez. 1977)

Eignungsklasse E_c 3 (Höchstwert 50 mg/l)

Jahresregengabe:

— bei sandigen Böden (lS, Sl, S)	bis 120 mm
— bei bindigen Böden (sL, L, sT, lT)	bis 200 mm

Belastung des Bodens mit waschaktiver Substanz:

— bei geringer Sorptionskapazität des Bodens bis	6000 mg/m² · a
— bei hoher Sorptionskapazität des Bodens bis	12000 mg/m² · a

Eignungsklasse E_c 4 (Höchstwert 150 mg/l)

Jahresregengabe:

— bei sandigen Böden bis 50 mm
— bei lehmigen Böden bis 80 mm

Belastung des Bodens wie bei Eignungsklasse E_c 3

Eignungsklasse E_c 5 (Höchstwert 250 mg/l)

— keine Beregnung auf sandigen Böden
— Jahresregengabe bei lehmigen Böden bis 50 mm
— keine Anwendung zu Gemüse für den Frischverzehr

und Fauna im Medium Boden beträchtlich höher als im Medium Wasser liegen — haben ihren Niederschlag in der bereits angeführten TGL 6466/01 gefunden (Tab. 7).

Den beachtlichen Einfluß kommunaler Abwässer auf die terricole Mesofauna zeigen unsere Untersuchungen auf grundwasserfernen Lößlehmböden bei Halberstadt (langjähriges Mittel des Jahresniederschlages 505 mm, der Temperatur 8,5 °C) sowie auf Sand-, sandigen Lehm- und Lehmböden im Kreis Delitzsch (langjähriges Mittel des Jahresniederschlages 529 mm, der Temperatur 8,9 °C) (KREUZ 1963, DÖRTER 1963). Die Beobachtungen bezogen sich auf Wiesen- und Weideflächen, die mit jährlich 400, 800 und 1200 mm Abwasser in Einzelgaben von 100 mm berieselt worden sind. Die Ergebnisse zeigen

TAFEL I

Abb. 1. Schöpfrad nach Leonardo da Vinci
(aus SCRIBA, MAUEL und LINDNER 1975)

Abb. 2. Archimedische Schraube nach Leonardo da Vinci (aus SCRIBA, MAUEL und LINDNER 1975)

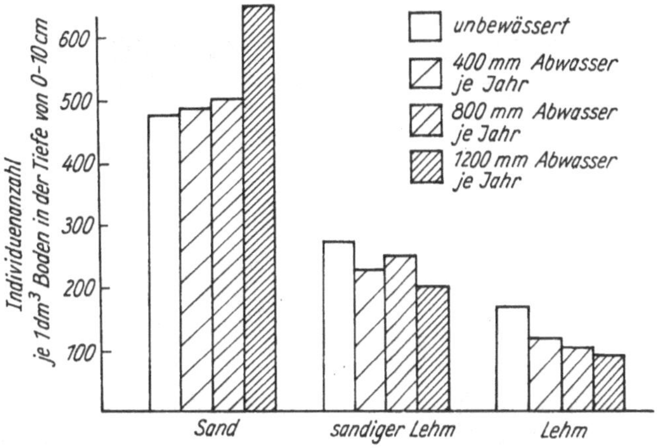

Abb. 6. Besiedlungsdichte der Milben in Grünlandböden unter dem Einfluß zunehmender Bewässerungsintensität mit Abwasser — Mittel der Jahre 1957 bis 1960 — (nach KREUZ 1963)

deutliche Reaktionen von Milben und Collembolen der betreffenden Graslandstandorte auf den Abwassereinfluß. Im Sandboden wurde die Besiedlungsdichte der Milben und Collembolen selbst noch bei jährlichen Gaben von 1200 mm Abwasser erhöht, dagegen im sandigen Lehm und im Lehmboden beträchtlich vermindert (Abb. 6 und 7). Hinzu kamen Abundanz- und Dominanzveränderungen mit Artenverarmungen und Massenvermehrungen schädlicher Tiergruppen (Abb. 8).

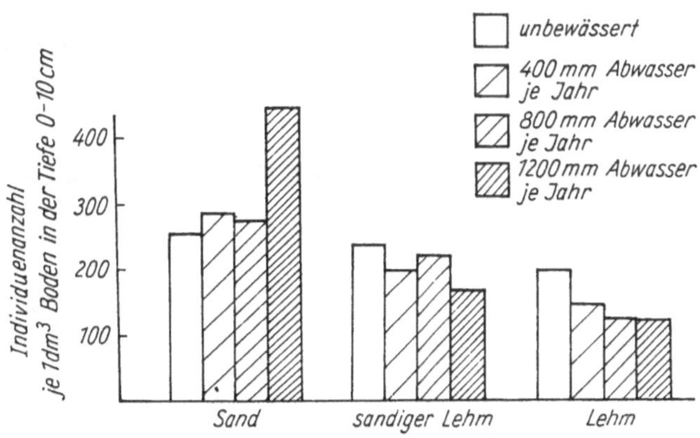

Abb. 7. Besiedlungsdichte der Collembolen in Grünlandböden unter dem Einfluß zunehmender Bewässerungsintensität mit Abwasser — Mittel der Jahre 1957 bis 1960 — (nach KREUZ 1963)

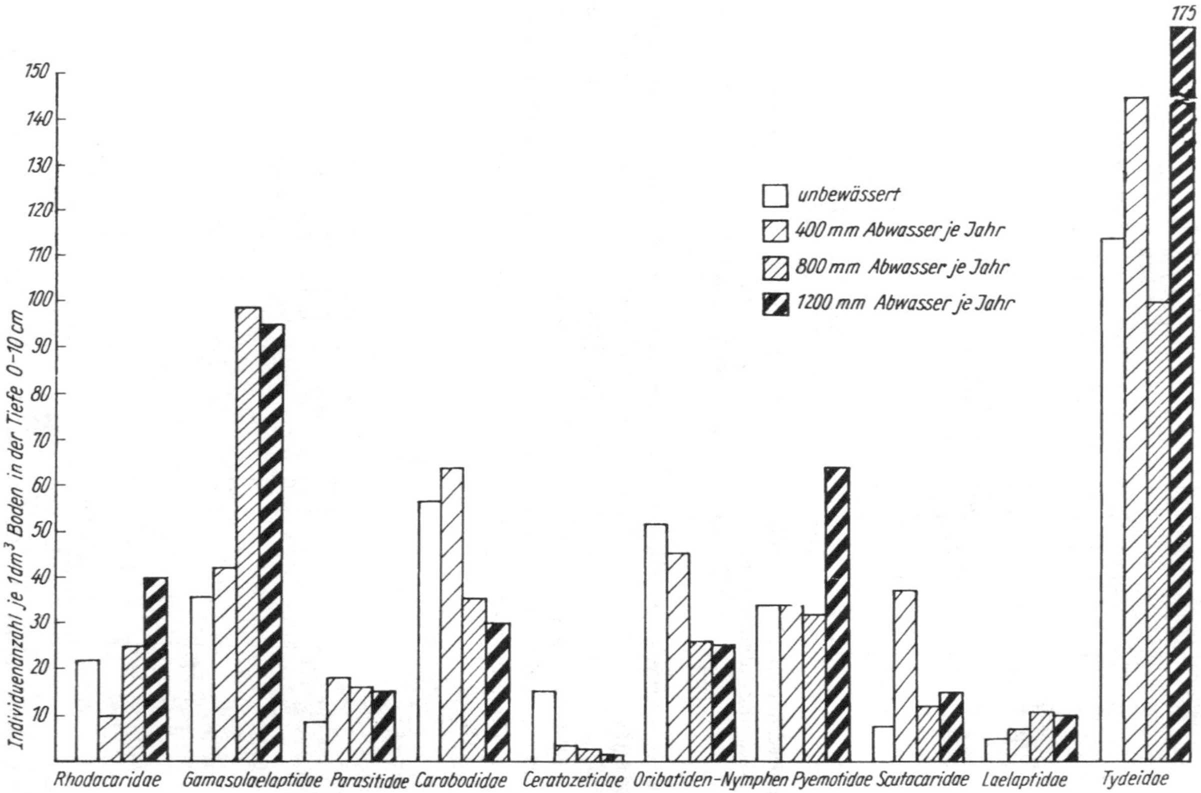

Abb. 8. Abundanz dominierender Milben-Gruppen im Sandboden unter dem Einfluß vierjähriger Abwasserverrieselung — Mittel der Jahre 1957 bis 1960 — (nach KREUZ 1963)

Nach KREUZ (1963) reagierten bei beiden Tierordnungen Gruppen mit hoher Abundanz und großer bodenbiologischer Bedeutung (*Oribatei*, *Tullbergia* Börner, *Isotoma notabilis* Schäfer) in den untersuchten Böden negativ auf Abwasser. Die *Oribatei* (meist *Tectocepheus velatus* Michael) wurden besonders stark geschädigt. Im Sandboden gefördert dagegen wurden die Collembolen-Gattungen *Friesea* Dalla Torre, *Hypogastrura* Börner und *Brachystomella* Agren. *Folsomia* Willem verhielt sich bei hoher Bewässerungsintensität indifferent, bei niedrigen Rieselgaben stieg ihre Abundanz im Sandboden an. Das Abwasser wirkte im Sand und zum Teil auch noch im sandigen Lehm positiv auf die Individuendichte der Raubmilben (*Gamasides*). Als Ursache wird eine Vermehrung ihrer Beutetiere, vor allem der Nematoden, in stärker mit Abwasser belasteten Böden angenommen. Im Lehmboden wurden die *Gamasides* durch das Abwasser geschädigt; trotzdem erhöhte sich aber ihre Dominanz. Hohe Abwassergaben von 1200 mm führten in tonreichen Böden neben einer Verminderung der Besiedlungsdichte im Boden auch zu einer zunehmenden Artenverarmung. Das biozönotische Gleichgewicht wurde gestört, und es kam bei entsprechender Disposition zu Massenvermehrungen schädlicher Tiergruppen wie der *Acaridae* (vorwiegend *Tyrophagus* Oudermans).

Trotzdem wurden durch die hohen Düngergaben bedeutsame Graslandmehrerträge bis über 200% gegenüber unbehandelt erzielt (Tab. 8). Auf die botanische Zusammensetzung und auf die Ertragsleistung der untersuchten Grasnarben der speziellen Standorte wirkte sich das Abwasser bis zu Jahresgaben von 800 mm günstig aus. Dabei bleibt jedoch zu klären, wie die hier beobachteten Veränderungen des Edaphons und des Pflanzenertrages über die Bodenfruchtbarkeit im Zusammenhang stehen und wie sich eine Langzeitwirkung darstellen dürfte.

Nährstofflieferungen des Bodens an die Wurzeln werden vom Grade der Bodenfeuchtigkeit stark beeinflußt. Direkt verfügbar für die Pflanze sind die in der Bodenlösung vorliegenden, aus dem organischen und anorganischen Bereich stammenden Nährstoffe bzw. Nährionen. Mehr oder weniger durch die Bodenkolloide gebundene Kationen stehen in Wechselbeziehungen mit freien Ionen der Bodenlösung, wobei sich komplizierte Austauschvorgänge in Abhängigkeit vom Ton-Humus-Komplex sowie von dem pH-Wert eines Bodens und — im Zusammenhang mit unseren Betrachtungen — vom Bewässerungswasser und dessen Inhaltsstoffen, d. h. insbesondere von seinem Salzgehalt, abspielen.

Ausgehend von Oberflächenwässern und kommunalen Abwässern mit hohem Salzgehalt, die in der DDR und anderen Staaten auftreten, aber auch beim Einsatz von Brackwasser für die Bewässerung, sind Untersuchungen in den Beziehungen des Kationenhaushaltes und der Salzverträglichkeit von Kulturpflanzen von besonderer Bedeutung. Von unseren umfangreichen Gefäß- und Parzellenversuchen sowie großflächigen Feldversuchen seien nur auszugsweise einige Ergebnisse wiedergegeben, die das diffizile Reaktionsvermögen von

Tab. 8. Einfluß zunehmender Bewässerungsintensität mit Abwasser auf die Trockensubstanzerträge von Grünlandstandorten (nach Kreuz 1963)

Jahr	Abwassermenge	Weide auf Sand		Weide auf Lehm		Wiese auf sandigem Lehm	
		TS-Ertrag		TS-Ertrag		TS-Ertrag	
	mm/Jahr	dt/ha	%	dt/ha	%	dt/ha	%
1957	unbewässert	87,50	100	–	–	89,36	100
	400	104,79	120	–	–	92,19	103
	800	126,22	144	–	–	91,70	103
	1200	112,96	129	–	–	74,15	83
1958	unbewässert	100,84	100	81,06	100	100,54	100
	400	126,17	125	95,31	118	104,97	104
	800	146,09	145	103,84	128	119,65	119
	1200	162,04	161	123,80	153	95,17	95
1959	unbewässert	57,66	100	37,71	100	71,47	100
	400	86,47	150	58,94	156	101,72	142
	800	88,02	153	75,49	200	131,45	184
	1200	107,65	187	90,71	241	103,35	145
1960	unbewässert	50,84	100	53,02	100	102,79	100
	400	68,05	134	95,00	179	101,99	99
	800	129,24[1])	254[1])	92,94	175	143,71	140
	1200	128,76	253	119,17	225	132,32	128
Vierjähriges bzw. dreijähriges Mittel	unbewässert	74,21	100	57,26	100	91,04	100
	400	96,36	130	83,09	145	100,22	110
	800	122,39[1])	165[1])	90,76	158	121,63	134
	1200	127,85	172	111,23	194	101,25	111

[1]) Überhöhte Werte durch eine nicht vorgesehene Überdüngung mit Mineraldünger

Boden und Pflanze andeuten sollen (El Gendy 1976, Dörter, El Gendy und Leister 1977).

So wurde z. B. die Wirkung verschieden hoher Wassergaben mit unterschiedlichem Gehalt an NaCl, K_2SO_4, $MgSO_4$ und $CaCl_2$ auf die Ionenzusammensetzung der Bodenlösung, auf die Menge an austauschbarem Natrium und Kalium, auf die Krümelstabilität einer Lößschwarzerde sowie auf das Wachstum, auf den Gehalt an Inhaltsstoffen und auf die Wurzelentwicklung von Leguminosen und Gramineen geprüft. Die Untersuchungen wurden in Mitscherlich-Gefäßen in vitro mit fünfmaliger Wiederholung durchgeführt.

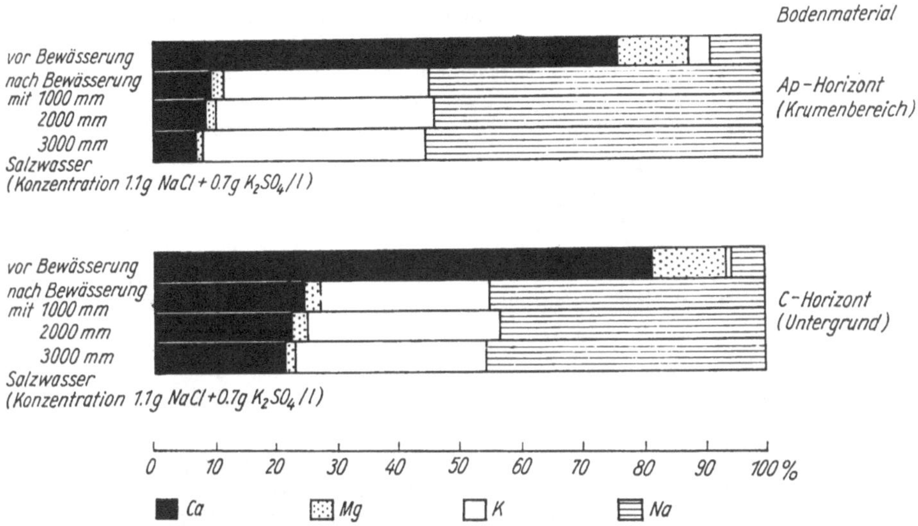

Abb. 9. Anteil der Kationen in der Bodenlösung vor und nach der Bewässerung mit verschiedenen Mengen natrium- und kaliumhaltigen Wassers

Nach einer fraktionierten Bewässerung mit z. B. 3000 mm Salzwasser einer Konzentration von 1,1 g NaCl + 0,7 g K_2SO_4/l wurde der Gehalt an Na-Ionen in der Bodenlösung des Ap-Horizontes (Krumenbereich des Bodens) auf das 10fache und in der Bodenlösung des C-Horizontes (Untergrund des Bodens) auf das 9fache erhöht. Der Gehalt an K-Ionen stieg im Boden des Ap-Horizontes auf das 15fache und im Boden des C-Horizontes auf das 51fache (Abb. 9).

Nach der Bewässerung mit unterschiedlichen Wassermengen gleicher Salzkonzentration sowie mit gleichen Wassermengen unterschiedlicher Salzkonzentration stieg die elektrische Leitfähigkeit der Bodenlösung an. Der Anionengehalt zeigte in beiden Fällen eine Zunahme des Chlorid- und Bikarbonatgehaltes, aber eine Abnahme des Sulfatgehaltes (Tab. 9). Die Abnahme des Sulfatgehaltes steht im Zusammenhang mit der Sodabildung im Boden. Es ist anzunehmen, daß auf Grund der hohen Wassermengen eine mikrobielle Reduktion von Natriumsulfat stattgefunden hat, worauf auch eine beobachtete intensive Schwefelwasserstoffentwicklung hindeutete. Die Sodabildung infolge von mikrobiellen Prozessen kann u. a. damit erklärt werden, daß Natriumsulfat unter anaeroben Bedingungen und bei Vorhandensein genügender Mengen an organischer Substanz durch Bakterien zu Natriumsulfid reduziert und dieses durch die CO_2-Einwirkung zu Natriumbikarbonat hydrolisiert wird. Nach Bewässerung mit Klarwasser kam es dagegen zu keiner Anreicherung

Tab. 9. Elektrische Leitfähigkeit und Anionengehalt des Ap- bzw. C-Horizont-Bodenmaterials vor und nach der Bewässerung mit verschiedenen Wassermengen sowie unterschiedlichen Salzgehalten und -konzentrationen

Menge mm	Wasser Salzkonzentration g/l		Boden Elektrische Leitfähigkeit mS/cm bei 25 °C		Anionengehalt mg/100 g Boden Cl^-		HCO_3^-		SO_4^{--}	
	NaCl	K_2SO_4	Ap[1])	C[2])	Ap	C	Ap	C	Ap	C
vor Bewässerung	—	—	0,33	0,42	10,08	12,60	56,40	37,36	41,40	114,20
nach Bewässerung										
mit 1000	1,1	0,7	0,42	0,41	20,60	20,70	86,50	112,20	< 4,10	< 4,10
2000	1,1	0,7	0,47	0,45	24,40	22,30	94,20	119,90	< 4,10	< 4,10
3000	1,1	0,7	0,48	0,45	26,10	23,40	102,30	132,60	< 4,10	< 4,10
3000	2,3	1,3	0,73	0,63	46,40	41,60	132,20	131,70	13,46	49,20
3000	3,4	2,0	0,99	0,87	73,56	68,60	140,50	125,70	31,70	40,00
3000	5,7	3,3	1,44	1,28	112,80	110,40	156,60	118,00	52,20	59,14

[1]) Ap-Horizont
[2]) C-Horizont

von Bikarbonat im Boden. Ferner beeinflußten höhere Salzkonzentrationen die Bedingungen für die Aktivität der sulfatreduzierenden Bakterien ungünstig, so daß eine geringere Sulfatabnahme zu verzeichnen war. Da jedoch trotzdem eine Zunahme des Bikarbonatgehaltes zu beobachten war, müssen hier noch andere Vorgänge hereinspielen, wie z. B. die Ionenaustauschreaktionen nach Hilgard, wobei Kalziumkarbonat mit Natriumsulfat reagiert (KOŽEVNIKOV 1974, EL GENDY 1976). Durch die Zunahme des Natriumbikarbonatgehaltes in der Bodenlösung kam es zu einer Erhöhung des pH-Wertes von 6,5 auf über 8.

Von den chemischen Veränderungen des Bodens werden auch die physikalischen Eigenschaften beeinflußt. Bei der Bewässerung mit salzhaltigem Wasser nahm z. B. mit steigendem austauschbarem Natriumanteil (ESP) die Dispersion der Tonfraktion zu (Tab. 10). Dieser Vorgang hat aber wiederum einen Einfluß auf die Krümelstabilität. Eine deutliche Verringerung des prozentualen Anteils stabiler Bodenkrümel unterschiedlicher Größen nach einer Bewässerung des Bodenmaterials aus dem Ap- und C-Horizont ist der Abb. 10 zu entnehmen. Bei Gaben von 3000 mm Salzwasser der Konzentration 1,1 g NaCl + 0,7 g K_2SO_4/l nimmt der Anteil der Bodenkrümel mit Größen von

0,2—6 mm im Ap-Horizontmaterial über 65% und im C-Horizontmaterial über 80% ab.

Die Untersuchungen zum Pflanzenwachstum wurden ebenfalls in Mitscherlich-Gefäßen unter Gewächshausbedingungen mit vierfacher Wiederholung vorgenommen. Die Gefäße enthielten jeweils 6 kg Boden des Ap-Horizontes,

Tab. 10. Einfluß des austauschbaren Natriumanteils auf die Dispersion der Tonfraktion des Ap- bzw. C-Horizont-Bodenmaterials vor und nach der Bewässerung mit verschiedenen Wassermengen und unterschiedlichen Salzgehalten und -konzentrationen

Menge mm	Wasser Salzkonzentration g/l				Boden ESP[1])		Tonfraktion (< 0,002 mm) %	
	NaCl	K_2SO_4	$CaCl_2$	$MgSO_4$	Ap[2])	C[3])	Ap	C
vor Bewässerung	—	—	—	—	1,9	2,8	4,2	1,3
nach Bewässerung								
mit 1000	1,1	0,7	—	—	12,2	13,9	6,5	7,6
2000	1,1	0,7	—	—	14,1	16,9	9,8	9,4
3000	1,1	0,7	—	—	16,2	17,7	9,8	9,7
3000	2,3	1,3	—	—	31,5	35,5	11,4	10,6
3000	3,4	2,0	—	—	39,6	42,6	13,0	10,8
3000	5,7	3,3	—	—	48,8	54,5	16,3	12,1
3000	0,8	—	1,0	0,5	6,1	9,3	5,4	7,3
3000	2,3	—	1,0	0,6	11,1	15,4	9,7	7,9
3000	1,1	—	0,1	0,1	11,1	15,6	9,5	11,2

[1]) ESP = exchangeable sodium percentage, Austauschbarer Natriumanteil
[2]) Ap-Horizont
[3]) C-Horizont

der im Verhältnis 1:1 mit Sand gemischt wurde. Neben einer einheitlichen Düngung von 1 g N, P und K je Gefäß wurde während der gesamten Versuchszeit ein Feuchtegehalt von 60% der Wasserkapazität des Bodens eingehalten.

Mit steigender Konzentration des Salzwassers trat eine Verzögerung der Keimung und eine Verminderung der Keimfähigkeit ein, wobei pflanzenartenspezifische Unterschiede festzustellen waren.

Nach Bewässerung mit Salzwasser einer Konzentration von 1 g/l war kein Einfluß auf die Keimfähigkeit bei den drei untersuchten Pflanzenarten festzustellen. Eine Zunahme des Salzgehaltes auf 3 g/l verminderte die Keimfähigkeit bei Rotklee um 42%, bei Wiesenschwingel um 7% und bei Welschem Weidelgras um 10%.

Aus den nach der Aussaat ermittelten Wuchshöhen wurde die mittlere Wachstumsgeschwindigkeit berechnet. Daraus wird bei allen untersuchten Pflanzenarten eine Abnahme der Wachstumsgeschwindigkeit mit steigender Salzkonzentration ersichtlich. In allen Fällen war der Einfluß durch eine steigende Salzkonzentration im dritten Aufwuchs stärker als im ersten; diese Tatsache kann auf eine Anreicherung der Salze im Boden zurückgeführt werden.

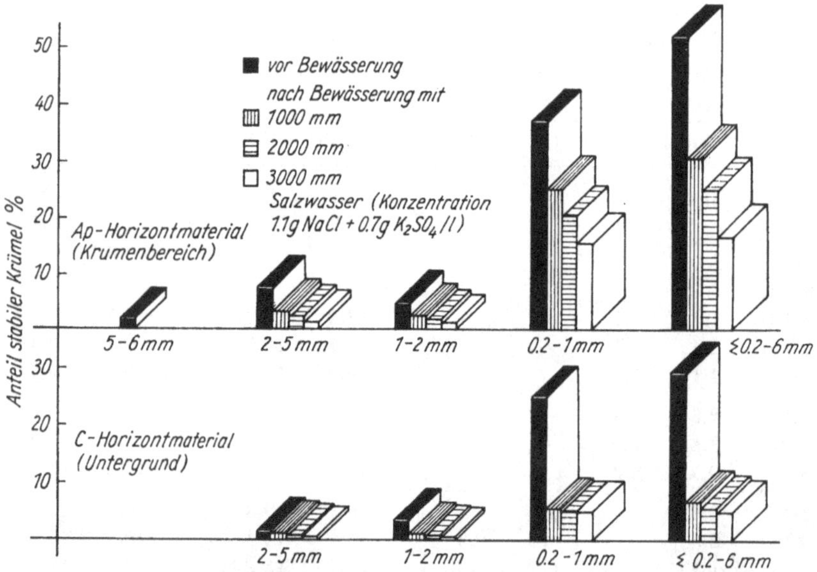

Abb. 10. Anteil stabiler Bodenkrümel unterschiedlicher Größen vor und nach der Bewässerung mit verschiedenen Mengen natrium- und kaliumhaltigen Wassers

Am stärksten wurde durch das mit Salzen belastete Wasser die Wachstumsgeschwindigkeit bei Rotklee und am schwächsten bei den Gramineen beeinflußt.

Nach dem ersten und zweiten Schnitt wurde die Anzahl der Pflanzen bestimmt. Während des ersten Aufwuchses starben keine Pflanzen ab. Nach dem ersten Schnitt erhöhte sich mit steigender Salzkonzentration die Anzahl der abgestorbenen Pflanzen. Die prozentuale Abnahme der Pflanzenanzahl war sowohl nach dem ersten als auch nach dem zweiten Schnitt bei Rotklee am größten und bei Welschem Weidelgras am geringsten. Bei Rotklee kam es nach dem zweiten Schnitt bei einem Salzgehalt des Bodens von 0,38% zu einem Absterben aller Pflanzen. Bei Wiesenschwingel und Welschem Weidelgras starben bei einem Salzgehalt des Bodens von 0,40 bzw. 0,45% 86 bzw. 80% der Pflanzen ab.

Der Wasserverbrauch der Pflanzen nahm mit steigender Salzkonzentration des Bewässerungswassers ab. Hierdurch ergaben sich bei den einzelnen Varianten unterschiedliche Wassermengen zur Aufrechterhaltung eines Bodenfeuchtegehaltes von 60% der Wasserkapazität.

Tab. 11. Relative Frisch- und Trockenmasseerträge nach Bewässerung mit Salzwasser

Pflanzenart	Salzgehalt des Bewässerungswassers g/l	Wassermenge mm	Salzgehalt des Bodens %	rel. Trockenmasseertrag[1])	rel. Frischmasseertrag[1])
Trifolium pratense L. Rotklee	1	584	0,20	60,39	55,47
	2	390	0,26	31,12	28,89
	3	290	0,30	14,60	14,32
Festuca pratensis Huds. Wiesenschwingel	1	600	0,23	72,81	64,96
	2	420	0,33	42,75	35,53
	3	290	0,38	26,89	20,55
Lolium multiflorum Lamk. Welsches Weidelgras	1	600	0,28	75,40	69,29
	2	450	0,40	57,29	42,02
	3	350	0,45	36,28	27,61

[1]) Erträge mit Grunddüngung N, P, K und aqua dest. = 100%

Sowohl die Trocken- als auch die Frischmasseerträge nahmen bei den verwendeten Pflanzenarten mit steigender Salzkonzentration des Bewässerungswassers ab (Tab. 11). Nach Bewässerung von mit Salzen belastetem Wasser entsprechend der mittleren Konzentration des in großflächigen Versuchen in der LPG Pflanzenproduktion Burgwerben, Krs. Weißenfels, verregneten Abwassers konnte hiernach bei Rotklee ein relativer Trockenmasseertrag von 60% und ein relativer Frischmasseertrag von 55% nachgewiesen werden. Höhere Konzentrationen des Salzwassers führten zu weiteren erheblichen Ertragsdepressionen. Die gleichen Tendenzen bringen die Ergebnisse der Ertragsmessung bei Wiesenschwingel und Welschem Weidelgras zum Ausdruck. Jedoch ist zu erkennen, daß Rotklee am empfindlichsten auf Bewässerung mit Salzwasser reagierte.

Die nach dem dritten Schnitt gemessene elektrische Leitfähigkeit des Bodens wurde in Beziehung zu den Gesamtfrischmasseerträgen und Gesamttrockenmasseerträgen gesetzt. Es ergaben sich in allen Fällen hochsignifikante Korrelationen, die aus Abb. 11 ersichtlich sind.

Der Wassergehalt der Frischmasse wurde bei den drei Pflanzenarten unterschiedlich beeinflußt. Während bei den Gramineen mit dem Ertragsabfall auch eine Abnahme des Wassergehaltes der Frischmasse einhergeht, war bei Rotklee kein derartiger Zusammenhang festzustellen.

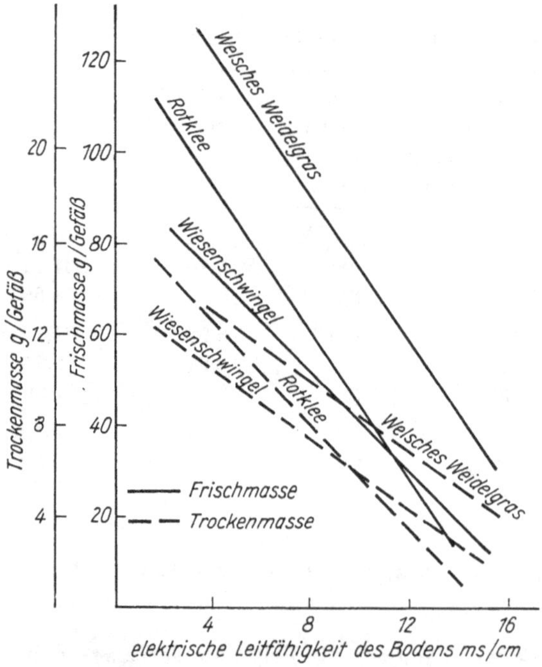

Abb. 11. Beziehung zwischen Ertrag und elektrischer Leitfähigkeit des Bodens

Mit steigender Salzkonzentration des Bewässerungswassers nahm die Wurzelmasse bei allen drei Pflanzenarten ab. Bei einer Salzkonzentration von 3 g/l waren bei Rotklee alle Wurzeln abgestorben.

Weiterhin ist von Interesse, inwieweit die unterschiedlich hohen Natrium- und Kaliumkonzentrationen des Bewässerungswassers Veränderungen in der Zusammensetzung der Inhaltsstoffe bewirkten.

So hatte Kalium keinen Einfluß auf die pflanzlichen Inhaltsstoffe. Mit steigendem Natriumgehalt des Bewässerungswassers nahm in allen drei Pflanzenarten der Natriumgehalt stark zu. Zwischen dem Natriumgehalt des Bewässerungswassers und dem Stickstoffgehalt bei Rotklee, dem Kalium-,

Kalzium- und Magnesiumgehalt bei Wiesenschwingel und dem Phosphatgehalt bei Welschem Weidelgras bestanden gesicherte Beziehungen.

Diese wenigen Hinweise können nur andeutungsweise sichtbar machen, daß sich hier im Detail noch ein ausgedehntes Gebiet gemeinsamer Forschungstätigkeit bietet, um zu einer quantitativ-qualitativen Betrachtungsweise der Wirkungen des Wassers im Lebens- und Stoffproduktionsablauf der Kulturpflanzen nach den vom Standort jeweils modifizierten Gesetzmäßigkeiten vorzudringen. Die Dynamik und Rhythmik in den miteinander verwobenen Prozeßabläufen und Wirkungsfeldern des Bodens, der Pflanze, des Wassers und der Luft lassen Einzelvorgänge aber nur aus der Ganzheit der Atmungs-, Zirkulations- und Stoffwechselprozesse des lebendigen Erdorganismus verstehen. Dabei treten Zusammenhänge für den Bewässerungseinsatz auf, die dem Landwirt und Agrarwissenschaftler in ihren Erscheinungsbildern bei der Entwicklung der Kulturpflanzen als Tages- und Jahresrhythmen der verschiedensten Art zum Teil durchaus schon geläufig sind. So ist das ganze Werden der Pflanze durch einen rhythmischen Phasenwechsel von Expansion und Kontraktion bestimmt, der vom Keimungsvorgang über das Jugendstadium bis zur vollen Entfaltung, dem Schossen, Blühen und der Frucht- und Samenbildung verläuft. Die quantitativ-qualitative Wirkung einer Bewässerung mit oder ohne Inhaltsstoffe wird in Kombination mit der Düngung und weiteren agrotechnischen Maßnahmen gegenwärtig in zunehmendem Maße in Verbindung mit den verschiedenen Entwicklungsstadien der Pflanzen zu beurteilen sein, wie u. a. Untersuchungen an der Sektion Pflanzenproduktion der Martin-Luther-Universität über die Beregnungssteuerung zeigen (Dörter 1979). So wird der Einsatz der Beregnung nach der Feekes-Skala bei Getreide einerseits für mehrere Entwicklungsstadien und der schwerpunktmäßige Einsatz der Beregnung bei Zuckerrüben andererseits in einem bestimmten Entwicklungsabschnitt empfohlen, um entsprechende Mehrerträge und eine deutliche Förderung der Inhaltsstoffe zu bewirken.

Auch die Tatsache, daß verschiedene endogene und exogene Rhythmen der Pflanze im Tagesverlauf zu verzeichnen sind, die sich u. a. in der Nährstoff- und Wasseraufnahme sowie dem Strom der Pflanzensäfte, der Stoffbewegung und Stoffanreicherung in bestimmten Pflanzenteilen nachweisen lassen, sind zu erwähnen. So ergeben sich hier Ansätze zur Erforschung von Gestaltungskräften in den Pflanzen, die bei den wachstumsfördernden Maßnahmen, zu denen maßgeblich auch die Bewässerung nach Quantität und Qualität gehört, zu beachten sind. Die hierzu notwendigen Methoden zur Qualitätsbeurteilung müssen weiter verfeinert werden, um Einflüsse kleinster Stoff-Entitäten zu erfassen. Zeigt doch gerade die Qualitätsfrage des Bewässerungswassers besonders deutlich, daß wir nach wie vor dem „sensiblen Chaos“ des Wassers gegenüberstehen und uns in aller Bescheidenheit eingestehen müssen, wie wenig wir noch immer über die Wirkungsbereiche dieses flüssigen Elementes wissen. So sind wir weiterhin auf dem Weg, neue Zusammenhänge zu ergründen:

- Beim Bewässerungswasser als Teilbeitrag der Regulierung des standortspezifischen Wasserhaushaltes zur optimalen Bedarfsdeckung des Wasserverbrauches der Kulturpflanzen und
- bei den Vorgängen des Gesamtwasserkreislaufes, durch die alles Leben auf unserem Erdball so bewundernswert gestaltet wird.

LITERATUR

BERGMANN, W.: Pflanzendiagnose. In: Pflanzendiagnose und Pflanzenanalyse zur Ermittlung von Ernährungsstörungen und des Ernährungszustandes der Kulturpflanzen. Teil I. Hrsg.: W. BERGMANN und P. NEUBERT. Jena: VEB Gustav Fischer Verl. 1976, 13–395.

BEUSCHOLD, E., K. DÖRTER und U. WEGENER: Zur Problematik des Phosphoreintrages in Trinkwassertalsperren unter besonderer Berücksichtigung von Untersuchungen im Gebiet der Ostharztalsperren. Hercynia N. F. **11** (1974) 185–200.

BÖHLER, E., et al.: Verfahren zur Entfernung von gesundheitlich bedenklichen Stoffen aus dem Oberflächenwasser. Wasserwirtschaft – Wassertechnik **28** (1978) 420–424.

BUSCH, K.-F., und H. KNAUTH: Einschätzung und Feststellung der Wirkung boden- und pflanzenschädigender Inhaltsstoffe des Wassers im Hinblick auf die Bewässerung. Die Wasserwirtschaft **57** (1967) 232–236.

DÖRTER, K.: Untersuchungen über die Verbesserung von Dauergrünland spezieller Standorte einschließlich der Anwendung des Chemischen Pflügens. In: 100 Jahre Landwirtschaftliche Institute der Universität Halle. Hrsg.: Landw. Fak. Univ. Halle–Wittenberg. Halle 1963, 202–218.

DÖRTER, K.: Aufgaben der Pflanzenproduktion in der DDR in ihren Wechselbeziehungen zur sozialistischen Landeskultur. Kühn-Arch. **85** (1971) 131–146.

DÖRTER, K.: Nutzung und Schutz des Bodens. In: Brockhaus Handbuch sozialistische Landeskultur. Umweltgestaltung – Umweltschutz. Mit einem ABC. Hrsg.: E. NEEF und V. NEEF. Leipzig: VEB F. A. Brockhaus Verl. 1977a, 99–139.

DÖRTER, K.: Einige Hinweise zur intensiven landwirtschaftlichen Produktion in Trinkwasserschutzgebieten am Beispiel des Einzugsgebietes der Rappbodetalsperre im Harz. Hercynia N. F. **14** (1977b) 264–271.

DÖRTER, K.: Probleme und Erfahrungen bei der Entwicklung einer intensiven landwirtschaftlichen Produktion im Landschaftsschutzgebiet des Harzes. Berlin: Akademie-Verl. 1978 (Sitzungsber. Sächs. Akad. Wiss. zu Leipzig, math.-nat. Kl. Bd. 113, H. 3).

DÖRTER, K.: Neue Erkenntnisse zur Beregnung verschiedener Kulturpflanzen aus der Forschungsarbeit der Sektion Pflanzenproduktion. Wiss. Z. Univ. Halle, math.-nat. R. **28** (1979) 33–41.

DÖRTER, K., S. EL GENDY und S. LEISTER: Einfluß von mit Salzen belastetem Bewässerungswasser auf Bodeneigenschaften und Pflanzenwachstum eines Lößes. Wiss. Z. Univ. Halle, math.-nat. R. **26** (1977) 39–49.

El Gendy, S.: Gefäßversuche zum Einfluß von mit Salz kontaminiertem Bewässerungswasser auf Bodeneigenschaften und Pflanzenwachstum unter besonderer Berücksichtigung von Natrium- und Kaliumionen. Halle 1976. — Univ. Halle—Wittenberg, Dr.-agr.-Diss.

Grahneis, H.: Zu Problemen der Wasserhygiene. In: Wasserhygiene. Bearb.: H. Grahneis. Wiss. Z. Univ. Halle (1965) Sonderheft, 5—13.

Kaeding, J., D. Lienig und A. Schmidt: Erfordernisse der Wasseranalytik. Wasserwirtschaft — Wassertechnik **28** (1978) 284—285.

Knauth, H.: Über die Möglichkeiten der Verwendung detergentienhaltigen Wassers für die Bewässerung landwirtschaftlicher Nutzflächen. Wasserwirtschaft-Wassertechnik **16** (1966) 64—67.

Koževnikov, K. Ja.: O faktorach obrazovanija sody v počvach i gruntach (Über Faktoren der Sodabildung in Böden und im Untergrund). Počvovedenie (1974) 4, 68—78.

Kreuz, E.: Untersuchungen über den Einfluß weiträumiger Abwasserlandbehandlung auf die terricole Mesofauna des Grünlandes im Hinblick auf die Erhaltung der Bodenfruchtbarkeit. Kühn-Arch. **77** (1963) 75—132.

Münch, S., und H. Mertens: Ernährungskulturen. Eine internationale Übersicht. Die Wirtschaft **32** (1977) Nr. 18, Beilage 12, 1—12.

Neef, E., und V. Neef (Hrsg.): Brockhaus Handbuch sozialistische Landeskultur. Umweltgestaltung — Umweltschutz. Mit einem ABC. Leipzig: VEB F. A. Brockhaus Verl. 1977.

Schwarz, K. et al.: Produktivität und Effektivität der Beregnung in Abhängigkeit von Fruchtart, Standort und Bodennutzungstyp. Arch. Acker- u. Pflanzenbau u. Bodenkd. **22** (1978) 721—730.

Schwenk, T.: Das sensible Chaos. Strömendes Formenschaffen in Wasser und Luft. Stuttgart: Verl. Freies Geistesleben GmbH 1962.

Scriba, J., K. Mauel und H. Lindner (Bearb.): Leonardo da Vinci. Eine Ausstellung von Modellen nach seinen Entwürfen in der Technischen Universität Berlin, Institut für Geschichtswissenschaften, Fachgebiet Geschichte der exakten Wissenschaft und der Technik. Berlin 1975.

Shadullah, A. M.: Untersuchungen zur Melioration von Salzböden. Dresden 1978. — Techn. Univ. Dresden, Fak. f. Bau-, Wasser- u. Forstwesen. Dr.-Ing.-Diss.

Träger, C., und H. Ruddigkeit (Hrsg.): Novalis. Dichtungen und Prosa. Leipzig: Verl. Philipp Reclam jun. 1975.

Uhlmann, D.: Hydrobiologie. Ein Grundriß für Ingenieure und Naturwissenschaftler. Jena: VEB Gustav Fischer Verl. 1975.

Weber, C.: Ergebnisse von Ertragsuntersuchungen und Nutzeffektsermittlungen beim Einsatz einer kombinierten Abwasser-Gülle-Klarwasser-Beregnung unter industriemäßigen Produktionsbedingungen auf einem Löl-Standort. Halle 1977. — Univ. Halle—Wittenberg, Dr.-agr.-Diss.

Wegener, U., K. Dörter und E. Beuschold: Der Einfluß der landwirtschaftlichen Nutzung von Talsperreneinzugsgebieten auf den Nährstoffeintrag in Trinkwassertalsperren. Acta hydrochim. hydrobiol. **3** (1975) 553—561.

WINTER, W.: Wasser- und Abwasserinhaltsstoffe in der Umwelt der sozialistischen Industriegesellschaft — ihre Beseitigungsmöglichkeiten und Gesamteinschätzung. Wasserwirtschaft — Wassertechnik **26** (1976) 61—63.

Fachbereichstandard TGL 6466/01: Meliorationen; Bewässerung landwirtschaftlicher Nutzflächen; Güteanforderungen an Bewässerungswasser. Verantw.: VEB Ingenieurbüro f. Meliorationen Bad Freienwalde, Ausg. Dez. 1977.

Heft 4 Prof. Dr.-Ing. Dr. h. c. KURT SCHWABE, Analytische Probleme des Umweltschutzes
1975. 28 Seiten – 9 Abbildungen – 2 Tabellen – 8° – M 3,50

Heft 5 Prof. Dr. WOLFGANG BUCHHEIM, Die kopernikanische Wende und die Gravitation
1975. 36 Seiten – 2 Farbtafeln – 8° – M 5,–

Heft 6 Prof. Dr. HERMANN BERG, Photopolarographie und Photodynamic
1975. 19 Seiten – 2 Abbildungen – 2 Tabellen – 8° – M 3,–

Heft 7 Prof. Dr. MANFRED GERSCH, Probleme der Insektizide aus heutiger Sicht
1976. 36 Seiten – 9 Abbildungen – 2 Tabellen – 8° – M 4,–

Band 112

Heft 1 Prof. Dr. WALTER BREDNOW, Spiegel, Doppelspiegel und Spiegelungen – eine „wunderliche Symbolik“ Goethes
1975. 28 Seiten – 4 Abbildungen – 8° – M 3,–

Heft 2 Prof. Dr. ARTUR LÖSCHE, Über negative absolute Temperaturen. Eine Einführung
1976. 26 Seiten – 12 Abbildungen – 8° – M 4,–

Heft 3 Prof. Dr. med. HERBERT JORDAN, Kurorttherapie: Prinzip und Probleme
1976. 31 Seiten – 10 Abbildungen – 1 Tabelle – 8° – M 4,50

Heft 4 Prof. Dr. FRIEDRICH WOLF / Dr. PETER FRÖHLICH, Zur Druckabhängigkeit von Ionenaustauschreaktionen
1977. 13 Seiten – 6 Abbildungen – 1 Tabelle – 8° – M 2,–

Heft 5 Prof. Dr. DIETRICH UHLMANN, Möglichkeiten und Grenzen einer Regenerierung geschädigter Ökosysteme
1977. 50 Seiten – 20 Abbildungen – 2 Tabellen – 8° – M 6,50

Heft 6 Prof. Dr. ERICH RAMMLER, Zwei Jahrzehnte Entwicklung des Einsatzes der Energieträger Kohle und Erdöl im Weltmaßstab
1977. 29 Seiten – 6 Abbildungen – 4 Tabellen – 8° – M 4,–

Heft 7 Prof. Dr. ULRICH FREIMUTH, Umweltprobleme in der Ernährung
1977. 32 Seiten – 3 Abbildungen – 4 Tabellen – 8° – M 4,–

Band 113

Heft 1 Prof. Dr. ERICH LANGE, Allgemeingültige Veranschaulichung des II. Hauptsatzes
1978. 22 Seiten – 10 grafische Darstellungen – 8° – M 4,–

Heft 2 Prof. Dr. HERBERT BECKERT, Bemerkungen zur Theorie der Stabilität
1977. 19 Seiten – 8° – M 2,50

Heft 3 Prof. Dr. sc. KLAUS DÖRTER, Probleme und Erfahrungen bei der Entwicklung einer intensiven landwirtschaftlichen Produktion im Landschaftsschutzgebiet des Harzes
1978. 20 Seiten – 6 Abbildungen, davon 4 farbige auf 2 Tafeln – 2 Tabellen – 8° – M 7,–

Heft 4 Prof. Dr. sc. med. HANS DRISCHEL, Elektromagnetische Felder und Lebewesen
1978. 31 Seiten – 14 Abbildungen – 2 Tabellen – 8° – M 5,–

Heft 5 Prof. Dr. MANFRED GERSCH, Wachstum und Wachstumsregulatoren der Krebse. Biologische Erkenntnisse und generelle Erwägungen
1979. 32 Seiten – 13 Abbildungen – 1 Tabelle – 8° – M 6,–

Heft 6 Prof. Dr. rer. nat. FRIEDRICH WOLF / Dr. rer. nat. URSULA KOCH, Über den Einfluß der chemischen Struktur von Dispersionsfarbstoffen auf deren Dispersionsstabilität
1979. 18 Seiten – 3 Abbildungen – 10 Tabellen – 8° – M 3,50

Heft 7 Prof. Dr. rer. nat. FRIEDRICH WOLF / Dr. rer. nat. WOLFGANG HEYER, Zur Sorption an Tetracalciumaluminathydroxysalzen
1980. 12 Seiten – 5 Abbildungen – 4 Tabellen – 8° – M 2,–

Band 114

Heft 1 Prof. Dr. HASSO ESSBACH, Morphologisches zur orthologischen und pathologischen Differenzierung und zum Anpassungs- und Abwehrvermögen der menschlichen Placenta
1980. 19 Seiten – 12 Abbildungen – 8° – M 4,–

Heft 2 Prof. Dr. med. WERNER RIES, Risikofaktoren des Alterns aus klinischer Sicht
1980. 19 Seiten – 9 Abbildungen, davon 1 Abbildung auf Tafel – 8° – M 4,–

Heft 3 Prof. Dr. OTT-HEINRICH KELLER, Anschaulichkeit und Eleganz beim Alexanderschen Dualitätssatz
1980. 19 Seiten – 8° – M 4,–

Heft 4 Prof. Dr. rer. nat. BENNO PARTHIER, Die cytologische Symbiose am Beispiel der Biogenese von Zellorganellen 1981. 29 Seiten — 16 Abbildungen — 2 Tabellen — 8° — M 6,—

Heft 5 Prof. Dr. F. WOLF / Dr. S. ECKERT / Dr. M. WEISE / Dr. S. LINDAU, Untersuchungen zur Synthese und Anwendung bipolarer Ionenaustauschharze 1980. 12 Seiten — 6 Tabellen — 8° — M 2,—

Heft 6 Prof. Dr. med. HERBERT JORDAN, Balneobioklimatologie — Eine Zielstellung im Mensch-Umwelt-Konzept *In Vorbereitung*

Band 115

Heft 1 Prof. Dr. rer. nat. HERMANN BERG, Wilhelm Ostwald — Erkenntnisse über die Biosphäre *In Vorbereitung*

Heft 2 Prof. Dr. sc. KLAUS DÖRTER, Aphorismen zur Qualität des Bewässerungswassers *Vorliegendes Heft*

Heft 3 Prof. Dr. Ing. Dr. rer. nat. h. c. PAUL GÖRLICH, Die geschichtliche Entwicklung des wissenschaftlichen Gerätebaus und seine zukünftige Bedeutung 1981. 36 Seiten — 8° — M 6,—

Heft 4 Prof. Dr. WOLFGANG BUCHHEIM, Albert Einstein als Wegbereiter nachklassischer Physik 1981. 29 Seiten — 8° — M 4,—

Heft 5 Prof. Dr.-Ing. HERBERT KRUG, Die Technologie der Brikettierung von Weichbraunkohle im Lichte der Verfahrenstechnik und der besseren Nutzung dieses Energieträgers *In Vorbereitung*

Heft 6 Prof. Dr. ERNST NEEF, Der Verlust der Anschaulichkeit in der Geographie und das Problem der Kulturlandschaft *In Vorbereitung*

Einzel- oder Fortsetzungsbestellungen durch eine Buchhandlung erbeten

Sitzungsberichte bis Band 108
durch das Zentralantiquariat der Deutschen Demokratischen Republik, Leipzig
ab Band 107 durch den Akademie-Verlag, Berlin, zum Teil noch lieferbar

THEORIA CUM PRAXI

AKADEMIE-VERLAG

DDR - 1080 Berlin, Leipziger Straße 3—4

FSC
www.fsc.org
MIX
Papier | Fördert
gute Waldnutzung
FSC® C083411

Zeitfracht Medien GmbH
Ferdinand-Jühlke-Straße 7
99095 Erfurt, Deutschland
produktsicherheit@kolibri360.de